Zahlen bilden und notieren

1 Setze mit den Zahlenkärtchen die vorgegebenen Zahlen zusammen. Male die Zahlenkärtchen, die du jeweils benötigst, in der Farbe der vorgegebenen Zahl aus.

a)

| 4573 | 5405 | 8710 | 6041 | 2324 | 9876 |

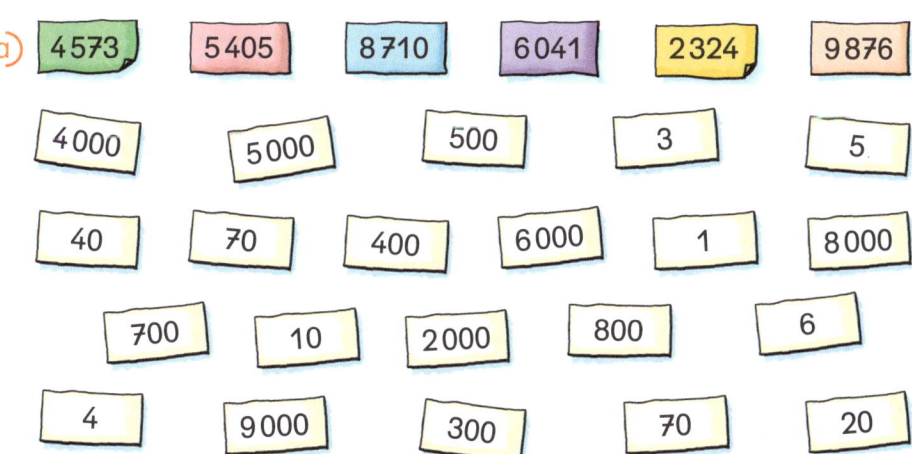

4000	5000	500	3	5
40	70	400	6000	1	8000
700	10	2000	800	6
4	9000	300	70	20

b)

| sechstausendfünfhundertdreiundzwanzig |

| neuntausendneunhundertachtundneunzig |

| siebentausendachthundertfünfzehn |

| dreitausendsiebenundachtzig | | eintausendundelf |

80	7000	3	5	20	800
6000	90	3000	1000	10	9000
900	7	8	500	10	1

Die Zahlen bis 1000000   *Zahlen bis 10000*   1

Zahlen am Zahlenstrahl ablesen und eintragen

1 Trage die Zahlen ein.

a)

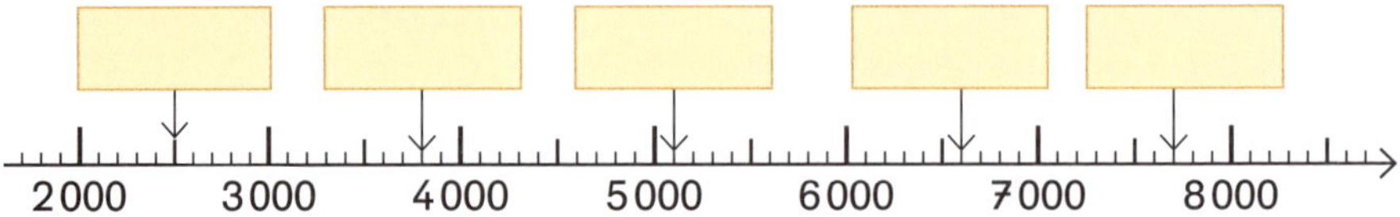
2000
3000
4000
5000
6000
7000
8000

b)

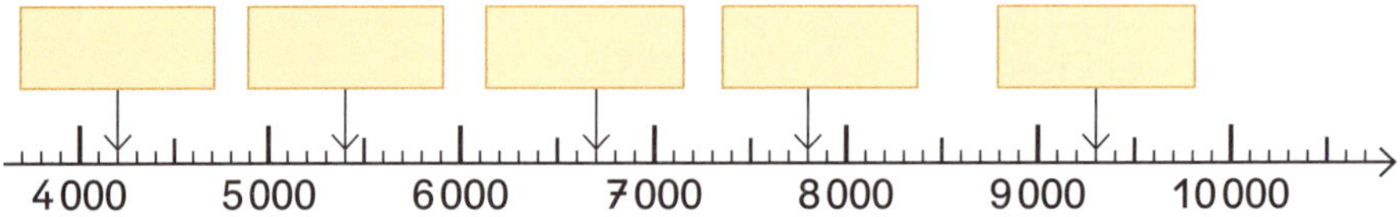
4000
5000
6000
7000
8000
9000
10000

c)

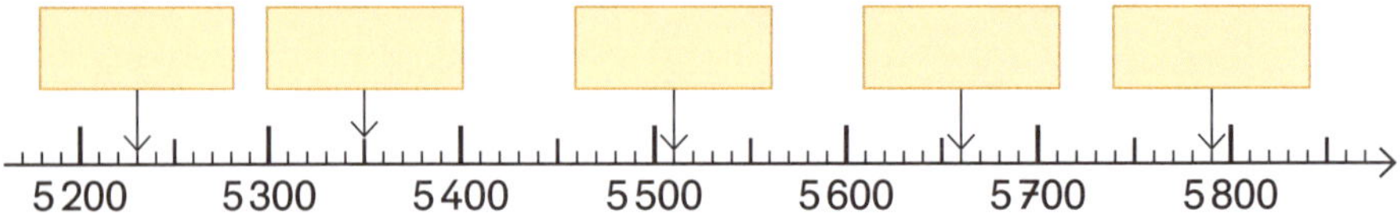
5200
5300
5400
5500
5600
5700
5800

d)

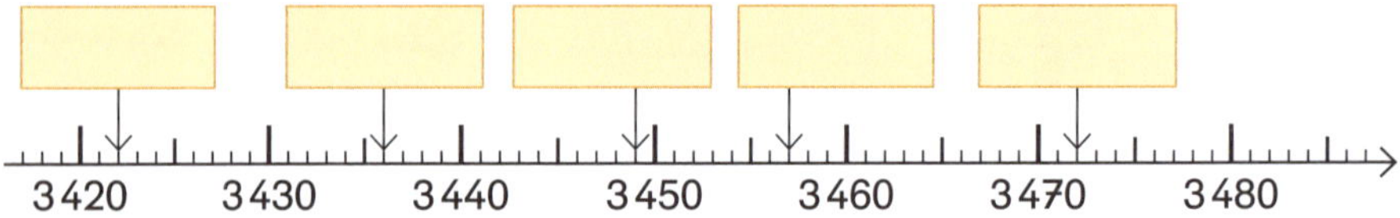
3420
3430
3440
3450
3460
3470
3480

2 Markiere in den Ausschnitten aus dem Zahlenstrahl bis 10000 die folgenden Zahlen mit einem Pfeil.

a) 1380, 1050, 1230, 1510, 1470

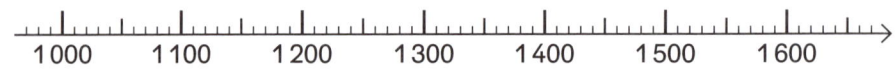

1000
1100
1200
1300
1400
1500
1600

b) 3081, 3065, 3048, 3093, 3072

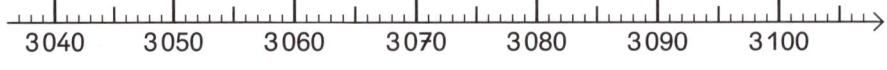

3040
3050
3060
3070
3080
3090
3100

c) 6500, 2300, 4200, 5100, 1400

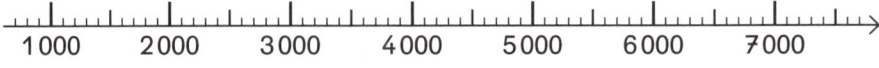

1000
2000
3000
4000
5000
6000
7000

1 Bestimme Vorgänger und Nachfolger.

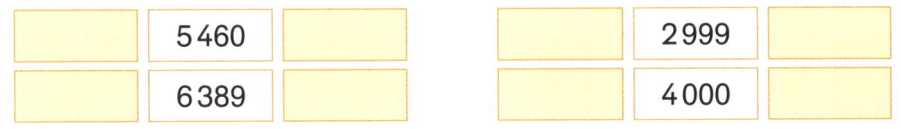

| | 5 460 | | | 2 999 | |
| | 6 389 | | | 4 000 | |

2 Bestimme die Nachbarzehner.

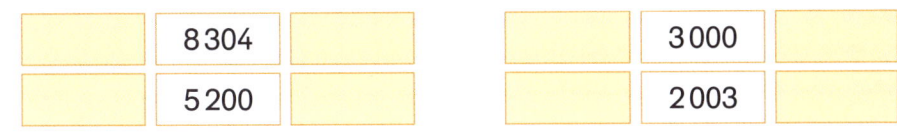

| | 8 304 | | | 3 000 | |
| | 5 200 | | | 2 003 | |

3 Bestimme die Nachbarhunderter.

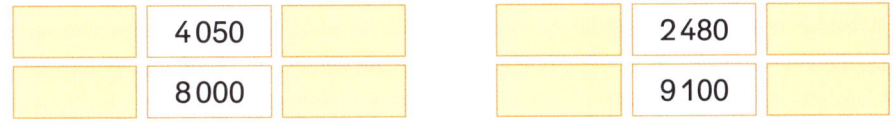

| | 4 050 | | | 2 480 | |
| | 8 000 | | | 9 100 | |

4 Bestimme die Nachbartausender.

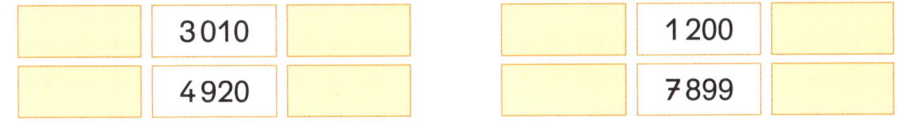

| | 3 010 | | | 1 200 | |
| | 4 920 | | | 7 899 | |

5 Finde die Zahlen, die …

a) … genau in der Mitte liegen.

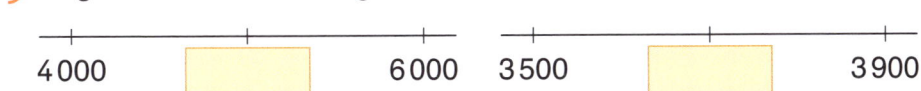

4 000   6 000   3 500   3 900

b) … in den Kästchen fehlen.

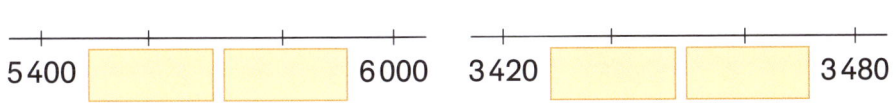

5 400   6 000   3 420   3 480

Zahlen bilden, vergleichen und ordnen

1 Bilde aus den Ziffernkärtchen alle Zahlen,
die zwischen 5 000 und 6 000 liegen.

2 Ordne die Zahlen der Größe nach.

a)

7 776   7 676   7 667   7 666   6 767

	<		<		<		<	

b)

3 412   3 214   3 241   3 124   3 421

	>		>		>		>	

c)

7 506   7 605   7 650   7 560   7 065

	◯		◯		◯		◯	7 650

3 Setze passende Zeichen oder Zahlen ein.

a)

4 853 ◯ 4 538

5 099 > ☐

☐ < 6 875

b)

☐ > 4 312

5 736 ◯ 5 367

4 637 < ☐

Zahldarstellungen zuordnen

1 Verbinde passend.

a)

HT	ZT	T	H	Z	E
8	6	4	2	3	5

HT	ZT	T	H	Z	E
6	8	2	4	5	3

HT	ZT	T	H	Z	E
4	6	5	3	8	2

HT	ZT	T	H	Z	E
2	5	6	8	2	3

465 382

256 823

864 235

682 453

b)

300 000 + 50 000 + 2 000 + 100 + 80 + 7

500 000 + 10 000 + 8 000 + 500 + 70 + 1

800 000 + 50 000 + 1 000 + 100 + 70 + 5

200 000 + 30 000 + 8 000 + 700 + 10 + 7

518 571

352 187

238 717

851 175

c)

sechshundertdreiundfünfzigtausend

vierhundertsiebenundsechzigtausend

achtzigtausendfünfhundertsiebzig

dreihunderttausendsechshundertfünfzehn

80 570

653 000

300 615

467 000

Zahlen verändern

1 Zeichne die Plättchen nach Vorgabe ein und notiere die gebildeten Zahlen neben der Ausgangszahl.

a) Füge in jeder Stellentafel an einer anderen Stelle ein Plättchen ein.

HT	ZT	T	H	Z	E
•• •• ••	•• •	••	•	•• ••	•• •• •

632 145 _____

HT	ZT	T	H	Z	E
•• •• ••	•• •	••	•	•• ••	•• •• •

632 145 _____

HT	ZT	T	H	Z	E
•• •• ••	•• •	••	•	•• ••	•• •• •

632 145 _____

HT	ZT	T	H	Z	E
•• •• ••	•• •	••	•	•• ••	•• •• •

632 145 _____

HT	ZT	T	H	Z	E
•• •• ••	•• •	••	•	•• ••	•• •• •

632 145 _____

HT	ZT	T	H	Z	E
•• •• ••	•• •	••	•	•• ••	•• •• •

632 145 _____

b) Streiche in jeder Stellentafel an einer beliebigen Stelle ein Plättchen.

HT	ZT	T	H	Z	E
•• ••	•	••	•• •• ••	•• ••	•• ••

412 635 _____

HT	ZT	T	H	Z	E
•• •• •	•	•• •	•• ••	•• •• ••	•• ••

513 264 _____

Nachbarzahlen bestimmen

1 Bestimme die Nachbarzahlen.

a) Nachbarzehner (NZ)

NZ	Zahl	NZ
	658 305	
	736 717	

b) Nachbarhunderter (NH)

NH	Zahl	NH
	789 453	
	634 587	

c) Nachbartausender (NT)

NT	Zahl	NT
	615 307	
	781 879	

d) Nachbarzehntausender (NZT)

NZT	Zahl	NZT
	630 412	
	700 000	

e) Nachbarhunderttausender (NHT)

NHT	Zahl	NHT
	839 417	
	391 607	

Große Zahlen runden

1 Runde die Zahlen …

a) … auf volle Zehner.

173 405 ≈ ⬜

764 657 ≈ ⬜

b) … auf volle Hunderter.

869 104 ≈ ⬜

578 089 ≈ ⬜

c) … auf volle Tausender.

903 417 ≈ ⬜

679 803 ≈ ⬜

d) … auf volle Zehntausender.

473 085 ≈ ⬜

589 693 ≈ ⬜

e) … auf volle Hunderttausender.

847 542 ≈ ⬜

605 978 ≈ ⬜

753 498 ≈ ⬜

963 577 ≈ ⬜

2 Finde passende Zahlen.

a) auf volle Hunderter gerundet

⬜ ≈ 869 200

⬜ ≈ 903 500

b) auf volle Tausender gerundet

⬜ ≈ 781 000

⬜ ≈ 800 000

c) auf volle Zehntausender gerundet

⬜ ≈ 340 000

⬜ ≈ 900 000

d) auf volle Hunderttausender gerundet

⬜ ≈ 300 000

⬜ ≈ 600 000

1 Setze die Zahlreihen fort.

a) 385 000, 386 000, 387 000, _____ , _____

b) 932 000, 832 000, 732 000, _____ , _____

c) 764 000, 754 000, 744 000, _____ , _____

d) 259 634, 258 634, 257 634, _____ , _____

e) 798 639, 798 640, 798 641, _____ , _____

f) 435 631, 435 621, 435 611, _____ , _____

g) 563 506, 564 006, 564 506, _____ , _____

2 Ergänze die fehlenden Zahlen.

a) 763 000, _____ , _____ , 760 000

b) 274 630, _____ , _____ , 574 630

c) 964 315, _____ , _____ , 667 315

d) 473 836, _____ , _____ , 473 536

e) 175 884, _____ , _____ , 176 004

f) 469 632, _____ , _____ , 469 626

g) 560 500, _____ , _____ , 560 650

1 Schreibe auf, welche Zahlen die Kinder meinen.

a)

Meine Zahl liegt genau zwischen 870 000 und 880 000.

b)

Meine Zahl ist größer als 400 000 und kleiner als 600 000. Sie hat sechs gleiche Ziffern und ist gerade.

c)

Meine Zahl hat zwei Einer, doppelt so viele Zehner, dreimal so viele Hunderter, viermal so viele Tausender und fünfmal so viele Zehntausender.

d)

Meine Zahl ist die größte gerade Zahl zwischen 238 900 und 239 000.

2 Finde jeweils zwei verschiedene Zahlen, die …

a) … am nächsten bei 899 000 liegen.

und

b) … sechsstellig sind, gleiche Ziffern haben und gerade sind.

und

Rechenhäuser ergänzen

1 Trage die fehlenden Zahlen ein.

a)

250 000	48 000

638 000	51 000

245 000	324 000

718 000	235 000

b)

650 000	
425 000	

720 000	
	612 000

980 000	
425 000	

450 000	
	198 000

c)

212 000	415 000	128 000	221 000

d)

830 000	

390 000	

798 000	

1 000 000	

1 Setze die Reihen fort.

a)

520	+	340	=
5 200	+	3 400	=
	+		=
	+		=

b)

360	–	180	=
3 600	–	1 800	=
	–		=
	–		=

2 Finde und berechne zu jeder Aufgabe zuerst die einfache Analogieaufgabe.

a)

	+		=
260 000	+	380 000	=

b)

	+		=
465 000	+	223 000	=

c)

	–		=
780 000	–	420 000	=

d)

	–		=
836 000	–	412 000	=

1 Finde und berechne jeweils die einfache Analogieaufgabe im Kopf.
Löse dann die Aufgaben. Kontrolliere selbst.

a) 410 000 + 260 000 =

280 000 + 350 000 =

370 000 + 460 000 =

650 000 + 280 000 =

b) 425 000 + 312 000 =

518 000 + 431 000 =

742 000 + 235 000 =

617 000 + 273 000 =

c) 960 000 − 420 000 =

780 000 − 350 000 =

670 000 − 540 000 =

890 000 − 330 000 =

d) 878 000 − 625 000 =

736 000 − 424 000 =

675 000 − 432 000 =

986 000 − 754 000 =

e) 780 000 + 170 000 =

142 000 + 837 000 =

740 000 − 510 000 =

498 000 − 235 000 =

130 000
230 000
232 000 243 000
253 000 263 000 312 000
430 000 540 000
560 000 630 000 670 000
737 000 830 000 890 000
930 000 949 000 950 000
977 000 979 000

Stellengerecht addieren und subtrahieren

1 Löse die Aufgabenreihen. Betrachte, wie sich
die Ergebnisse verändern. Suche eine Erklärung dafür.

a) 324 000 + 4 = ☐

324 000 + 40 = ☐

324 000 + 400 = ☐

324 000 + 4 000 = ☐

324 000 + 40 000 = ☐

324 000 + 400 000 = ☐

b) 452 000 + 300 000 = ☐

452 000 + 30 000 = ☐

452 000 + 3 000 = ☐

452 000 + 300 = ☐

452 000 + 30 = ☐

452 000 + 3 = ☐

c) 648 795 − 3 = ☐

648 795 − 30 = ☐

648 795 − 300 = ☐

648 795 − 3 000 = ☐

648 795 − 30 000 = ☐

648 795 − 300 000 = ☐

Beim stellengerechten Rechnen musst du

Einer unter _____,

Zehner unter _____,

Hunderter unter

_____,

Zehntausender unter

_____ und

_____

unter _____

_____

schreiben.

14   Addition und Subtraktion bis 1 000 000   *Addition und Subtraktion bis 1 000 000*

Aufgabenreihen fortsetzen und bilden

1 Berechne und setze die Reihen fort.

a)

278 600	+	10 000	=	
268 600	+	20 000	=	
258 600	+	30 000	=	
	+		=	
	+		=	
	+		=	

b)

854 300	–	10 000	=	
864 300	–	20 000	=	
874 300	–	30 000	=	
	–		=	
	–		=	
	–		=	

2 Schreibe selbst eine solche Reihe auf. Sie soll die gleiche Form haben wie die Reihe in Aufgabe **1** a) oder **1** b).

Geschickt addieren und subtrahieren

1 Verbinde jeweils die Aufgabe mit der vereinfachten Aufgabe.

a)

528 635 + 299 000	528 635 + 300 000 − 1 500
528 635 + 299 500	528 635 + 300 000 − 1 000
528 635 + 298 500	528 635 + 300 000 − 2 000
528 635 + 298 000	528 635 + 300 000 − 500

b)

786 532 − 9 980	786 532 − 300 000 + 2 000
786 532 − 298 000	786 532 − 10 000 + 20
786 532 − 199 500	786 532 − 20 000 + 1 100
786 532 − 18 900	786 532 − 200 000 + 500

2 Bilde im Kopf zu jeder Aufgabe eine vereinfachte Aufgabe und bestimme das Ergebnis.

a) 328 600 + 590 000 =

516 514 + 298 000 =

b) 780 637 − 395 000 =

846 507 − 125 980 =

c) 835 713 − 698 000 =

523 456 + 280 000 =

In mehreren Schritten addieren

1 Schreibe deine Rechenschritte untereinander auf.
Rechne die Aufgaben aus.

a) 126 485   +   53 512   = [　　　　]

[　　　　]	+	[　　　　]	=	[　　　　]
[　　　　]	+	[　　　　]	=	[　　　　]
[　　　　]	+	[　　　　]	=	[　　　　]
[　　　　]	+	[　　　　]	=	[　　　　]
[　　　　]	+	[　　　　]	=	[　　　　]

b) 283 154   +   385 430   = [　　　　]

[　　　　]	+	[　　　　]	=	[　　　　]
[　　　　]	+	[　　　　]	=	[　　　　]
[　　　　]	+	[　　　　]	=	[　　　　]
[　　　　]	+	[　　　　]	=	[　　　　]
[　　　　]	+	[　　　　]	=	[　　　　]

2 Finde die passende Aufgabe mit Lösung.

[　　　　]   +   [　　　　]   = [　　　　]

486 752	+	300 000	=	786 752
786 752	+	40 000	=	826 752
826 752	+	2 000	=	828 752
828 752	+	40	=	828 792

In mehreren Schritten subtrahieren

1 Schreibe deine Rechenschritte untereinander auf.
Rechne die Aufgaben aus.

a)   895 469   –   43 257   = [   ]

[   ] – [   ] = [   ]

[   ] – [   ] = [   ]

[   ] – [   ] = [   ]

[   ] – [   ] = [   ]

[   ] – [   ] = [   ]

b)   683 547   –   261 320   = [   ]

[   ] – [   ] = [   ]

[   ] – [   ] = [   ]

[   ] – [   ] = [   ]

[   ] – [   ] = [   ]

[   ] – [   ] = [   ]

2 Finde die passende Aufgabe mit Lösung.

[   ] – [   ] = [   ]

483 517	–	200 000	=	283 517
283 517	–	50 000	=	233 517
233 517	–	300	=	233 217
233 217	–	7	=	233 210

1 Runde die Zahlen …

a) … auf Tausender.

137 256 ≈ [   ]   898 712 ≈ [   ]

485 682 ≈ [   ]   345 891 ≈ [   ]

b) … auf Zehntausender.

741 736 ≈ [   ]   847 312 ≈ [   ]

659 348 ≈ [   ]   540 893 ≈ [   ]

c) … auf Hunderttausender.

356 289 ≈ [   ]   782 563 ≈ [   ]

827 435 ≈ [   ]   201 876 ≈ [   ]

2 Runde die Zahlen sinnvoll. Bilde jeweils die Überschlagsrechnung im Kopf und schreibe das ungefähre Ergebnis auf.

a)   2586 +   4312 ≈ [   ]

     8915 +   5367 ≈ [   ]

     7148 +   4715 ≈ [   ]

     3085 +   6399 ≈ [   ]

b)   17648 + 15912 ≈ [   ]

     65713 + 28673 ≈ [   ]

     41569 + 53782 ≈ [   ]

    198317 + 212487 ≈ [   ]

> Bei _____ wird abgerundet, bei _____ wird aufgerundet.

Schriftlich addieren

1 Löse die Aufgaben. Wenn du richtig gerechnet hast, findest du die Kontrollzahl zu jeder Ergebniszahl in einem Stern.

a)
```
    6 5 4 3 7          3 7 4 8 6          4 8 9 6 4
  + 2 4 8 5 9        + 5 8 9 1 7        + 3 7 0 8 9
  _____        _____        _____
```

⭐ 22   ⭐ 26   ⭐ 22   ⭐ 17

b)
```
    1 8 7 6 3 5        6 7 8 4 3 9        4 6 3 5 8 7
  + 5 4 3 8 9 7      + 2 6 1 5 8 3      + 3 7 2 7 4 6
  _____      _____      _____
```

⭐ 26   ⭐ 21   ⭐ 26   ⭐ 29

c)
```
    2 3 1 6 5          2 7 0 6 7          4 6 7 8 1
    1 4 2 3 7          3 2 1 8 5          1 7 2 4 6
  + 4 1 5 2 1        + 1 4 6 7 3        + 3 2 8 1 4
  _____        _____        _____
```

⭐ 28   ⭐ 30   ⭐ 37   ⭐ 38

d)
```
    1 2 7 3 5 6        2 8 3 7 0 9        7 6 5 1 8 2
    2 4 0 8 1 5        4 5 1 8 3 5        1 2 0 3 4 5
  + 3 0 2 7 6 4      + 1 2 8 3 4 0      + 1 0 2 6 2 1
  _____      _____      _____
```

Schriftlich subtrahieren

1 Löse die Aufgaben. Wenn du richtig gerechnet hast, findest du
die Kontrollzahl zu jeder Ergebniszahl in einem Stern.

a)

```
  7 8 2 5 3          8 7 6 3 5          9 0 4 3 8
- 5 2 1 7 0        - 5 1 8 2 7        - 5 3 2 6 7
_____        _____        _____
```

⭐ 19   ⭐ 24   ⭐ 19   ⭐ 22

b)

```
  2 6 8 3 9 5        4 6 5 8 9          5 8 3 4 1 7
-   3 5 8 6 7      -   8 6 3 0        -   6 7 5 0 8
_____      _____        _____
```

⭐ 29   ⭐ 33   ⭐ 30   ⭐ 23   ⭐ 33

c)

```
  8 7 6 0 3 5        7 1 3 5 8 9        6 7 8 3 4 5
- 3 8 5 6 7 4      - 5 0 6 7 9 3      - 3 8 0 5 6 5
_____      _____      _____
```

2 Berechne die Differenz. Bilde dazu eine Subtraktionsaufgabe,
deren Ergebnis zwischen …

a) … 89 407 und 93 857 liegt.

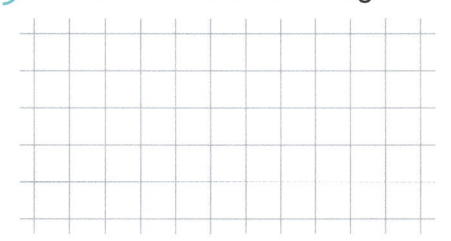

b) … 694 315 und 478 623 liegt.

1 Überprüfe die Rechnungen. Kennzeichne richtige
Ergebnisse mit ✓ und korrigiere falsche Ergebnisse.

a)
```
  3 6 9 4 1 2
+ 1 2 4 3 5 7
─────────────
  2 4 5 0 5 5
```

b)
```
  4 6 7 8 9 0
+ 3 8 5 4 2 1
─────────────
    8 2 4 7 9
```

c)
```
  6 9 7 3 2 1
+   2 6 3 5 4
─────────────
  9 6 0 8 6 1
```

d)
```
  2 8 0 3 4 5
+ 1 6 1 2 8 7
─────────────
  1 1 9 0 5 7
```

e)
```
  8 7 6 3 0 9
+ 1 2 5 4 6 8
─────────────
  7 5 0 8 4 1
```

f)
```
  5 7 6 3 9 8
+ 3 6 2 5 4 7
─────────────
  2 1 3 8 5 1
```

g)
```
  5 6 3 2 5 1
− 3 4 1 0 8 2
─────────────
  2 2 2 1 7 9
```

h)
```
  7 6 3 5 0 8
−   6 4 2 1 7
─────────────
  1 2 1 3 3 8
```

i)
```
  8 7 5 3 6 9
− 6 4 8 2 5 6
─────────────
  2 2 7 1 1 3
```

k)
```
  7 8 3 5 0 6
− 4 5 1 3 9 7
─────────────
  3 6 2 1 0 9
```

l)
```
  6 7 5 4 3 2
− 4 8 3 9 6 1
─────────────
  1 9 1 4 7 1
```

m)
```
  9 0 1 2 3
−   6 3 2 1
───────────
  2 6 9 1 3
```

2 Ordne folgenden Fehlertypen passende Teilaufgaben
von Aufgabe **1** zu.

a) falsch gerechnet: _____

b) Übertrag nicht beachtet: _____

c) Zahlen nicht stellengerecht
untereinandergeschrieben: _____

Kommazahlen addieren und subtrahieren

1 Löse die Aufgaben.

a)
```
    1 0 2 0,8 5 €              6 3 9,2 5 0 km
  +   9 8 5,7 3 €            + 7 8 6,1 0 0 km
  _____           _____
```

b)
```
    7 6 5 0,2 0 €              7 8 5,2 0 0 km
  - 5 3 7 0,9 5 €            -   4 7,8 0 0 km
  _____           _____
```

2 Rechne schriftlich.

a) 345,90 € + 75 ct + 54 € 20 ct

Wandle bei allen Aufgaben zuerst in die gleiche Maßeinheit um.

b) 125 kg 20 g − 750 g

c) 230 km − 58 km 200 m

Mit den Maßeinheiten l und ml umgehen

1 Verbinde.

| 50 ml | 10 l | 1 l | 0,2 l | 130 l |

2 Ergänze passend ml oder l.

Jogurt:	0,125 _____		Mülltonne:	200 _____
Gießkanne:	5 _____		Sahne:	200 _____
Milchflasche:	1 _____		Buttermilch:	500 _____
Spritze:	0,010 _____		Trinkglas:	200 _____
Tasse:	0,100 _____		Putzeimer:	10 _____

3 Wandle um.

a) Schreibe in Liter:

250 ml = _____ l

20 ml = _____ l

5 ml = _____ l

5 l 200 ml = _____ l

500 ml = _____ l

3 l 15 ml = _____ l

4 300 ml = _____ l

2 l 1 ml = _____ l

b) Schreibe in Milliliter:

0,500 l = _____ ml

5 l 200 ml = _____ ml

0,125 l = _____ ml

$\frac{1}{2}$ l = _____ ml

$\frac{1}{4}$ l = _____ ml

3 l 26 ml = _____ ml

10 l = _____ ml

9 l 1 ml = _____ ml

1 Immer 3 Zahlen ergeben eine Einmaleinsaufgabe.
Finde die Aufgaben und schreibe sie auf.

☐	· ☐	= ☐		
☐	· ☐	= ☐		
☐	· ☐	= ☐		
☐	· ☐	= ☐		
☐	· ☐	= ☐		
☐	· ☐	= ☐		
☐	· ☐	= ☐		
☐	· ☐	= ☐		
☐	· ☐	= ☐		
☐	· ☐	= ☐		

2 Ergänze die Rechenräder.

a)
40, 8, 24, 6, 2, 72, 4, 56 · 8

b)
72, 36, 2, 6, 45, 9, 7, 27 · 9

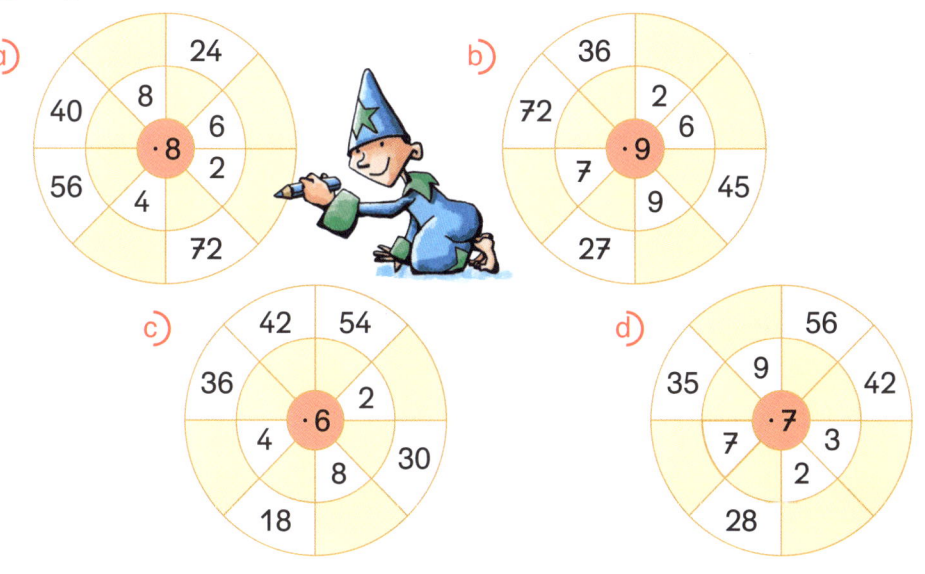

c)
42, 54, 36, 2, 30, 8, 18, 4 · 6

d)
56, 9, 42, 3, 2, 28, 7, 35 · 7

1 Suche jeweils 2 Zahlen, mit denen du eine Divisionsaufgabe bilden kannst.

6	8		:		=	
4	24		:		=	

7	8		:		=	
6	48		:		=	

4	8		:		=	
3	32		:		=	

9	8		:		=	
7	63		:		=	

6	32		:		=	
36	6		:		=	

8	56		:		=	
7	72		:		=	

5	45		:		=	
9	50		:		=	

6	54		:		=	
9	60		:		=	

2 Trage die fehlenden Zahlen ein.

a) **: 6**

42	
54	
	3
	6
48	
60	
	5
	2

b) **: 9**

	2
36	
	5
27	
54	
72	
	7
	9

c) **: 7**

	3
35	
49	
	2
28	
42	
	8
	9

Mit Zahlen zwischen 10 und 20 multiplizieren

1 Ergänze die Rechentabellen.

a)

·	12	14	16	18
2				
5				
7				
4				
8				
3				
9				
6				

b)

·	13	15	17	19
6				
8				
4				
7				
9				
5				
3				
2				

2 Immer zwei Aufgaben haben das gleiche Ergebnis.
Verbinde Aufgaben- und Ergebniskärtchen.

7 · 12	126	4 · 15
7 · 18	84	6 · 16
8 · 12	60	2 · 18
5 · 12	36	8 · 18
9 · 16	144	9 · 14
3 · 12	96	6 · 14

1 Ordne jeder Divisionsaufgabe die passende
Multiplikationsaufgabe zu. Löse beide Aufgaben.

72 : 12 = ☐

78 : 13 = ☐

104 : 13 = ☐

119 : 17 = ☐

108 : 12 = ☐

153 : 17 = ☐

6 · 13 = ☐

7 · 17 = ☐

6 · 12 = ☐

9 · 17 = ☐

8 · 13 = ☐

9 · 12 = ☐

2 Löse die Aufgaben. Male Aufgaben- und Ergebnisfelder
in der gleichen Farbe aus.

44 : 11 = ☐	152 : 19 = ☐
98 : 14 = ☐	91 : 13 = ☐
96 : 12 = ☐	102 : 17 = ☐
108 : 18 = ☐	75 : 15 = ☐
144 : 16 = ☐	56 : 14 = ☐
57 : 19 = ☐	162 : 18 = ☐

4	3	12
10	5	9
16	8	6
7	14	7
6	8	2
9	5	1
11	17	4

Vielfache finden

1 Bestimme jeweils sieben Vielfache.

a) V_5: ☐ , ☐ , ☐ , ☐ , ☐ , ☐ , ☐

b) V_8: ☐ , ☐ , ☐ , ☐ , ☐ , ☐ , ☐

c) V_{12}: ☐ , ☐ , ☐ , ☐ , ☐ , ☐ , ☐

d) V_{16}: ☐ , ☐ , ☐ , ☐ , ☐ , ☐ , ☐

e) V_{17}: ☐ , ☐ , ☐ , ☐ , ☐ , ☐ , ☐

f) V_{10}: ☐ , ☐ , ☐ , ☐ , ☐ , ☐ , ☐

g) V_{13}: ☐ , ☐ , ☐ , ☐ , ☐ , ☐ , ☐

h) V_{14}: ☐ , ☐ , ☐ , ☐ , ☐ , ☐ , ☐

i) V_{15}: ☐ , ☐ , ☐ , ☐ , ☐ , ☐ , ☐

2 Bestimme jeweils zwei gemeinsame Vielfache.

a) $V_{3,\,4}$: ☐ , ☐ $V_{2,\,5}$: ☐ , ☐

$V_{6,\,9}$: ☐ , ☐ $V_{8,\,12}$: ☐ , ☐

$V_{3,\,5}$: ☐ , ☐ $V_{5,\,10}$: ☐ , ☐

b) $V_{3,\,4,\,6}$: ☐ , ☐ $V_{3,\,6,\,9}$: ☐ , ☐

$V_{2,\,3,\,5}$: ☐ , ☐ $V_{4,\,8,\,12}$: ☐ , ☐

$V_{3,\,5,\,10}$: ☐ , ☐ $V_{2,\,3,\,9}$: ☐ , ☐

1 Bestimme die Teiler.
Male jeweils die Felder mit den passenden Zahlen aus.

a) T_{12}:

3	4	5	6

b) T_{48}:

6	14	8	16

T_{32}:

2	3	4	8

T_{56}:

9	4	7	14

T_{60}:

6	8	12	15

T_{90}:

4	13	15	12

T_{84}:

5	12	8	14

T_{112}:

13	14	15	16

2 Kreuze an und schreibe deine
Begründung für „stimmt nicht" auf.

	stimmt	stimmt nicht
a)		
b)		
c)		
d)		
e)		
f)		

a) 6 und 7 sind gemeinsame Teiler von 84.

b) 3 ist Teiler von 48 und 76.

c) Alle Zehnerzahlen haben 2 und 5
als gemeinsame Teiler.

d) 12 ist Vielfaches von 3 und gemeinsamer
Teiler von 72 und 54.

e) Alle Zahlen, die als gemeinsamen
Teiler 3 haben, sind Vielfache von 6.

f) Alle Zahlen, die 2 und 3 als gemeinsame
Teiler haben, sind gerade.

Zwei- und dreistellige Zahlen multiplizieren

1 Löse die Aufgaben. Schreibe deine Rechenschritte auf.

a) 6 · 57 = ⬜

⬜ · ⬜ = ⬜
⬜ · ⬜ = ⬜

b) 8 · 73 = ⬜

⬜ · ⬜ = ⬜
⬜ · ⬜ = ⬜

c) 7 · 243 = ⬜

⬜ · ⬜ = ⬜
⬜ · ⬜ = ⬜
⬜ · ⬜ = ⬜

d) 9 · 345 = ⬜

⬜ · ⬜ = ⬜
⬜ · ⬜ = ⬜
⬜ · ⬜ = ⬜

2 Löse die Aufgaben im Kopf. Ergänze jede Aufgabenreihe.

a) 2 · 42 = ⬜
   4 · 42 = ⬜
   6 · 42 = ⬜
   ⬜ · ⬜ = ⬜
   ⬜ · ⬜ = ⬜

b) 9 · 26 = ⬜
   7 · 28 = ⬜
   5 · 30 = ⬜
   ⬜ · ⬜ = ⬜
   ⬜ · ⬜ = ⬜

c) 3 · 145 = ⬜
   6 · 145 = ⬜
   9 · 145 = ⬜
   ⬜ · ⬜ = ⬜
   ⬜ · ⬜ = ⬜

d) 9 · 521 = ⬜
   8 · 526 = ⬜
   7 · 531 = ⬜
   ⬜ · ⬜ = ⬜
   ⬜ · ⬜ = ⬜

1 Löse die Aufgaben. Schreibe deine Rechenschritte auf.

a) 96 : 4 = ⬚

⬚ : ⬚ = ⬚

⬚ · ⬚ = ⬚

b) 78 : 3 = ⬚

⬚ : ⬚ = ⬚

⬚ : ⬚ = ⬚

c) 434 : 7 = ⬚

⬚ : ⬚ = ⬚

⬚ : ⬚ = ⬚

d) 567 : 9 = ⬚

⬚ : ⬚ = ⬚

⬚ : ⬚ = ⬚

2 Rechne im Kopf. Male Aufgaben- und Ergebnisfelder in der gleichen Farbe aus.

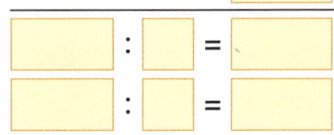

75 : 5 = ⬚	196 : 7 = ⬚	12	16
96 : 6 = ⬚	468 : 9 = ⬚	15	19
60 : 4 = ⬚	342 : 6 = ⬚	18	24
72 : 3 = ⬚	275 : 5 = ⬚	14	15
84 : 7 = ⬚	368 : 8 = ⬚	12	12
36 : 2 = ⬚	315 : 9 = ⬚	28	55
96 : 8 = ⬚	423 : 3 = ⬚	141	71
57 : 3 = ⬚	497 : 7 = ⬚	92	52
98 : 7 = ⬚	552 : 6 = ⬚	57	46
72 : 6 = ⬚	436 : 4 = ⬚	109	35

Durch mehrstellige Zahlen dividieren

1 Löse die Analogieaufgaben. Notiere die Ergebnisse.

a)
$8 : 4 =$ ☐
$80 : 4 =$ ☐
$800 : 4 =$ ☐
$8\,000 : 4 =$ ☐
$80\,000 : 4 =$ ☐
$800\,000 : 4 =$ ☐

b)
$9 : 3 =$ ☐
$90 : 3 =$ ☐
$900 : 3 =$ ☐
$9\,000 : 3 =$ ☐
$90\,000 : 3 =$ ☐
$900\,000 : 3 =$ ☐

c)
$1\,500 : 5 =$ ☐
$1\,500 : 50 =$ ☐
$1\,500 : 500 =$ ☐
$150\,000 : 500 =$ ☐
$150\,000 : 50 =$ ☐
$150\,000 : 5 =$ ☐
$15\,000 : 50 =$ ☐
$15\,000 : 500 =$ ☐
$15\,000 : 5 =$ ☐

d)
$1\,600 : 40 =$ ☐
$1\,600 : 4 =$ ☐
$1\,600 : 400 =$ ☐
$16\,000 : 400 =$ ☐
$16\,000 : 40 =$ ☐
$16\,000 : 4 =$ ☐
$160\,000 : 40 =$ ☐
$160\,000 : 4 =$ ☐
$160\,000 : 400 =$ ☐

2 Ergänze die Divisionsaufgaben.

a)
$240 : 60 =$ ☐
☐ $: 6 = 400$
$24\,000 :$ ☐ $= 40$

b)
☐ $: 7 = 500$
$350\,000 : 700 =$ ☐
$35\,000 :$ ☐ $= 500$

Zueinander senkrechte und parallele Linien finden

1 Finde zueinander senkrechte und parallele Linien.
Zeichne alle parallelen Linien rot nach.
Zeichne alle Linien, die senkrecht aufeinander stehen, blau nach.

a)

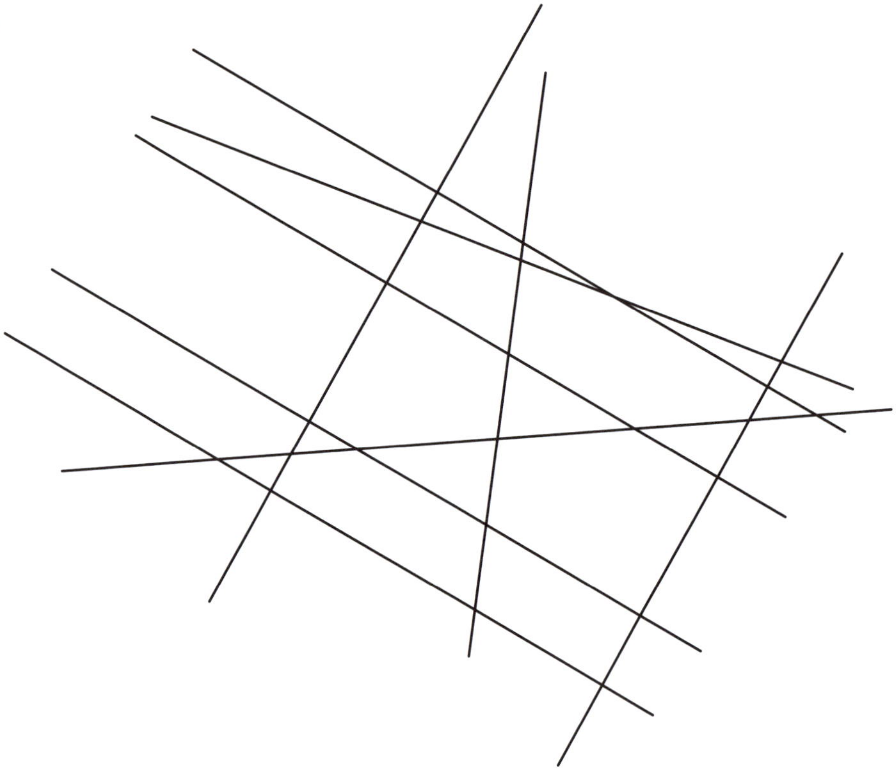

b)

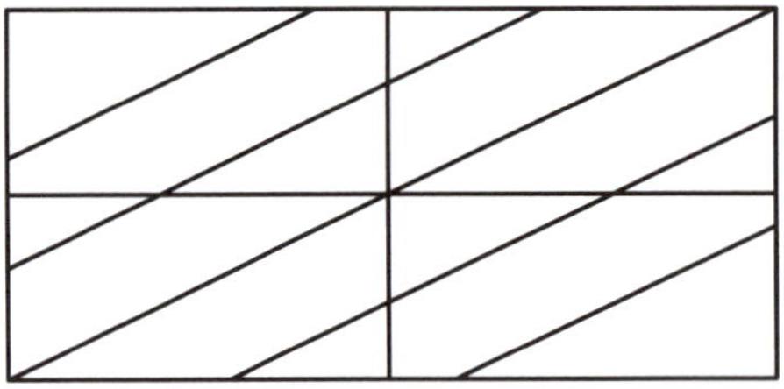

1 Zeichne mit dem Geodreieck.
Kennzeichne anschließend alle rechten Winkel.

a) ein Quadrat mit der
Seitenlänge 3 cm

b) ein Rechteck mit den
Seitenlängen 4 cm und 2 cm

2 Zeichne zu den vorgegebenen Linien jeweils drei parallele Linien …

a) … mit dem Abstand 2 cm.

b) … mit dem Abstand 1 cm.

Mit dem Geodreieck die Spiegelfigur zeichnen

1 Zeichne mithilfe des Geodreiecks die Spiegelfiguren.

a)

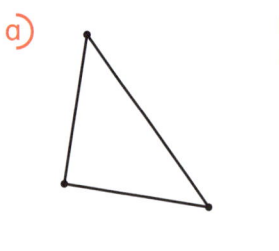

b)

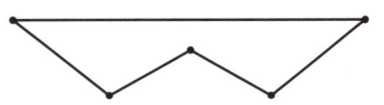

c)

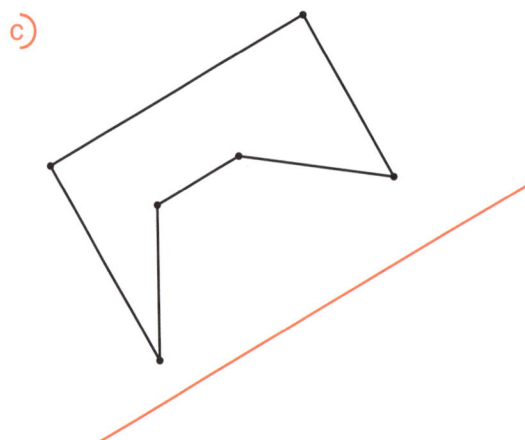

Mit einstelligen Zahlen multiplizieren

1 Löse die Aufgaben. Male die Seifenblasen mit den Ergebniszahlen in der Farbe der zugehörigen Aufgabe aus.

a) $374 \cdot 2$ $286 \cdot 3$ $178 \cdot 4$

b) $1691 \cdot 5$ $4638 \cdot 7$ $2908 \cdot 9$

c) $28623 \cdot 8$ $71209 \cdot 6$ $25683 \cdot 4$

d) $5792 \cdot 5$ $86730 \cdot 3$ $729 \cdot 8$

228984   8455   858   26172   28960   712   748   427254   102732   32466   5832   260190

Schriftliches Multiplizieren üben

1 Löse die Aufgaben.
Verbinde dann jeweils Aufgaben mit dem gleichen Ergebnis.

8 2 7̶ 7̶ · 3	7̶ 4 1 2 · 4	5 7̶ 6 0 · 6

3 7̶ 0 6 · 8	6 9 1 2 · 5	2 7̶ 5 9 · 9

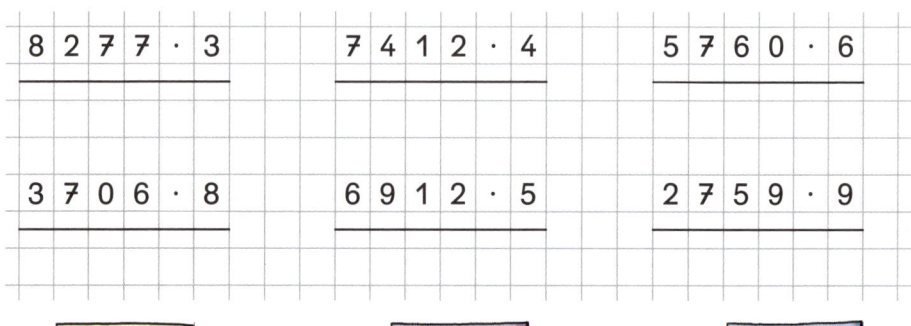

8 2̶7̶7̶ · 3   7̶412 · 4   6912 · 5

5 7̶60 · 6   3 7̶06 · 8   2 7̶59 · 9

2 Ergänze die fehlenden Ziffern.

a) 2 3 ☐ 7̶ 1 · 3
    ——————
      7̶ 0 7̶ 1 ☐

b) 4 3 2 8 6 · 7̶
    ——————
      3 0 3 ☐ ☐ 2

c) 6 9 ☐ 7̶ 2 · 4
    ——————
      2 ☐ 7̶ 4 8 8

d) ☐ 2 ☐ 5 1 · 5
    ——————
      1 6 2 2 5 ☐

e) 5 1 ☐ 7̶ ☐ · 8
    ——————
      4 0 8 5 ☐ 4

f) 4 3 5 8 2 · ☐
    ——————
      2 ☐ 1 ☐ 9 2

3 Erfinde selbst eine Malaufgabe und löse sie. Schreibe zu dieser
Aufgabe wie in Aufgabe **2** 2 lösbare Möglichkeiten, bei denen
mindestens 3 Ziffern fehlen.

Kommazahlen schriftlich multiplizieren

1 Löse die Aufgaben und ergänze mit den Zahlen die Tabellen.

a) 3, 2 5 € · 5   1, 4 9 € · 6   2, 4 9 € · 3

b) 1, 4 9 € · 2   2, 4 9 € · 5   3, 2 5 € · 3

c) 2, 4 9 € · 7   1, 4 9 € · 8   3, 2 5 € · 8

d) 3, 2 5 € · 6   2, 4 9 € · 9   1, 4 9 € · 4

Anzahl	1				
Preis	3,25 €				

Anzahl	1				
Preis	1,49 €				

Anzahl	1				
Preis	2,49 €				

1 Löse die Aufgaben. Male die Felder mit den Ergebniszahlen aus.

a) 4 6 8 · 7 2   3 2 9 · 2 6   5 1 7 · 8 4

b) 5 7 8 3 · 4 6   7 9 0 5 · 9 5   6 3 2 4 · 5 4

c) 2 4 6 3 2 · 3 7   3 5 7 8 4 · 3 4   5 2 8 1 · 9 3

d) 3 1 2 3 8 · 2 8   8 4 2 9 6 · 1 2   8 3 1 9 · 6 1

33 696	1 794	2 736	174 224	266 018
71 415	43 428	750 975	1 216 656	4 631
49 149	341 496	874 664	507 459	186 952
1 011 552	491 133	74 115	8 554	911 384

Rechenfehler erkennen

1 Bei jeder Aufgabe wurde ein Fehler gemacht.
Stelle fest, welcher, und verbinde passend.

2638 · 24	5167 · 38
5276	15481
10552	41336
1	1
15828	196146

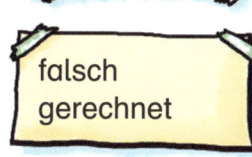

Übertrag
nicht beachtet

5719 · 35	18625 · 56
1737	111750
28595	93125
1 1	1 1
45965	1210625

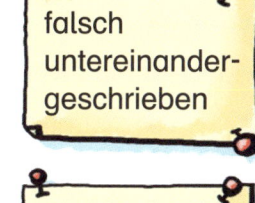

falsch
gerechnet

falsch
untereinander-
geschrieben

17603 · 49	27672 · 47
688412	103728
158427	193704
1 1 1	1 1
7042547	1230984

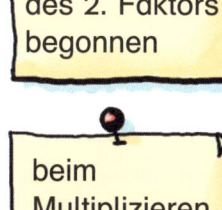

mit den Einern
des 2. Faktors
begonnen

38516 · 53	2642 · 23
192580	5284
115548	7926
1 1 1	1 1 1 1
2040348	13210

beim
Multiplizieren
eine Stelle
vergessen

9456 · 78	615 · 72
75648	4305
66192	130
1 1 1	
823672	43180

Mit dem Zirkel Kreise zeichnen

1 Zeichne Kreise mit dem …

a) … Radius 2,5 cm.

b) … Durchmesser 6,2 cm.

×   ×

2 Zeichne um den gleichen Mittelpunkt zwei Kreise …

a) … mit dem Radius 3 cm.

b) … mit dem Durchmesser 5 cm.

×
M

Mit dem Zirkel Schmuckfiguren zeichnen

1 Zeichne die vier Figuren vergrößert nach.
Ermittle zuerst den Mittelpunkt und den Radius der Kreise.

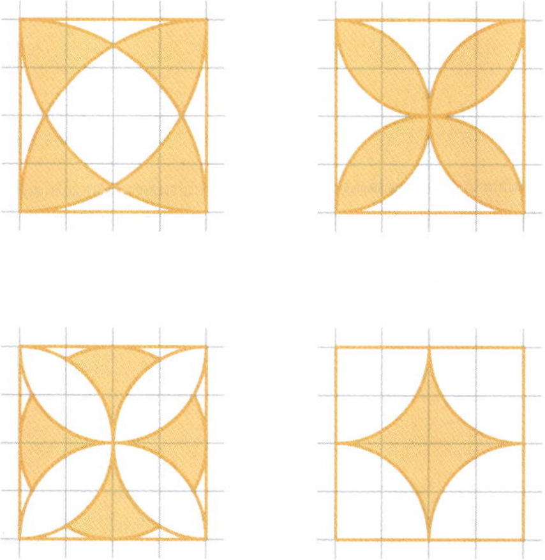

Figuren in einen Kreis einzeichnen

1 Übertrage die abgebildeten Figuren.

a)

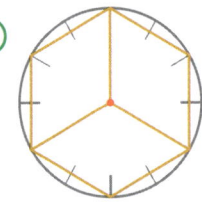

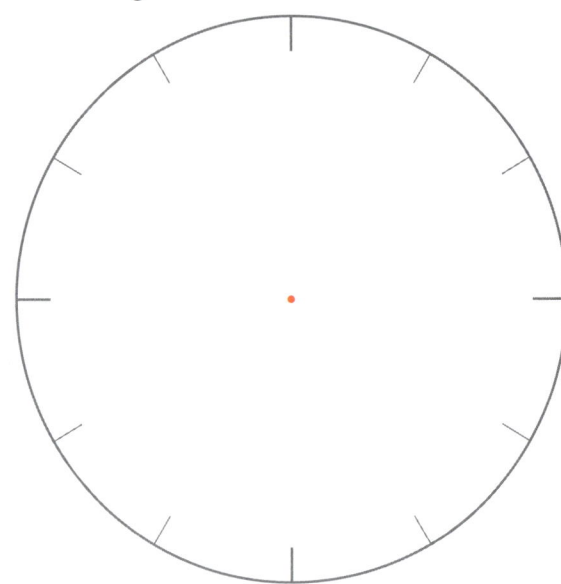

b)

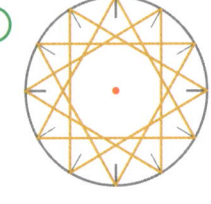

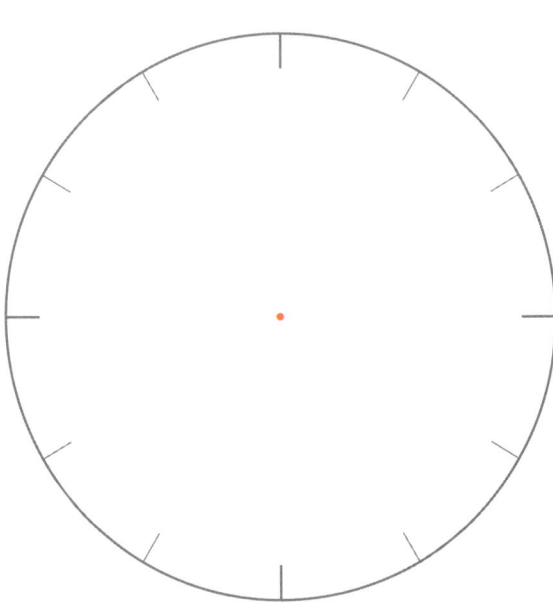

1 Setze die Muster fort.

a)
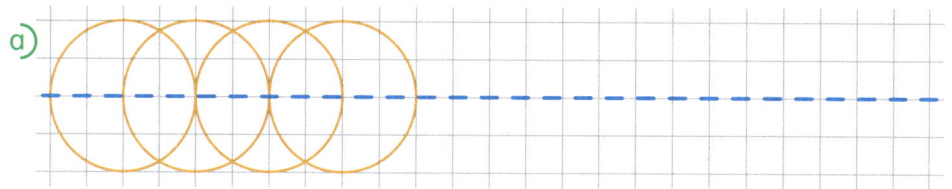

b)
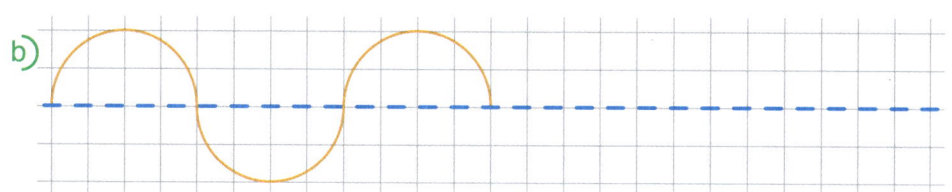

c)
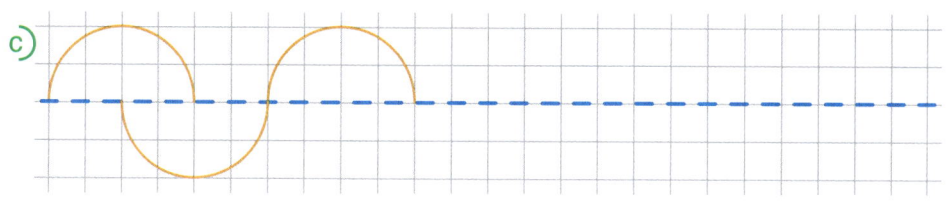

d)
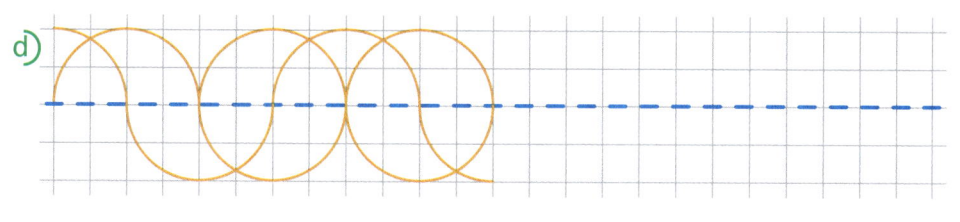

e)
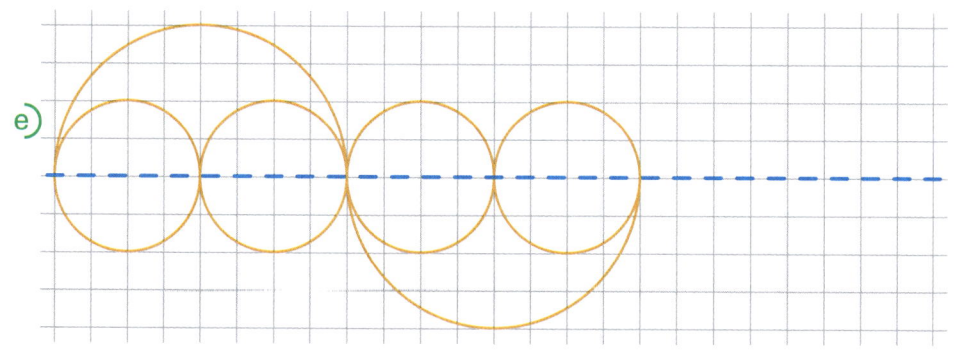

Bruchteile darstellen

1 Stelle jeweils auf drei Arten die Bruchteile
durch Einfärben von Flächen dar.

a) $\frac{1}{2}$

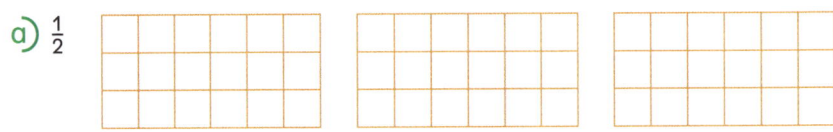

b) $\frac{1}{3}$

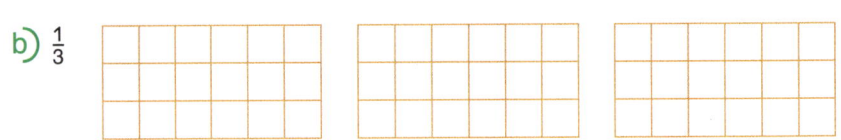

c) $\frac{1}{4}$

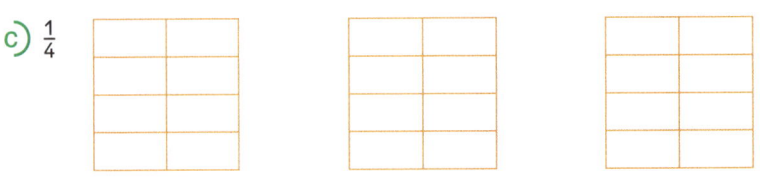

d) $\frac{1}{2}$

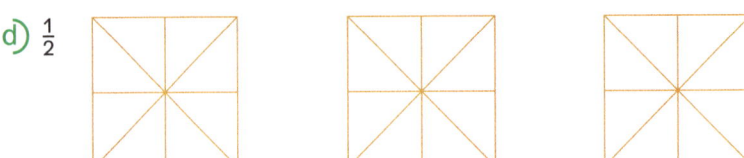

2 Schreibe als Bruch auf, welcher Anteil der Fläche
jeweils eingefärbt ist.

a)   b)   c)

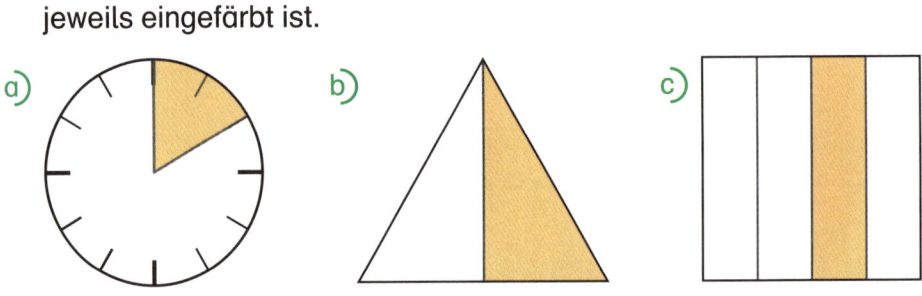

Muster vergrößern, verkleinern und fortsetzen

1 Zeichne das Muster einmal vergrößert und einmal verkleinert ab.

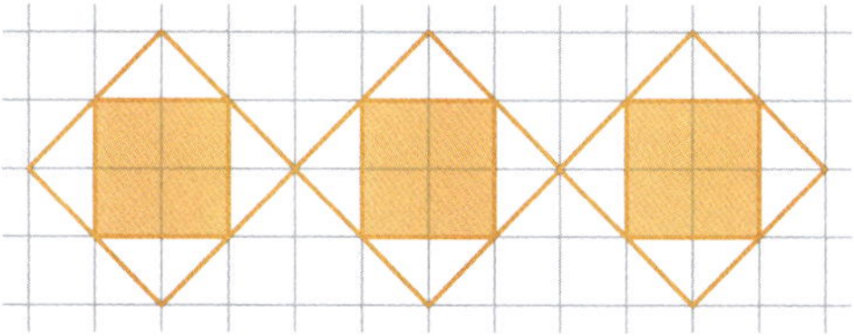

2 Setze die Muster fort.

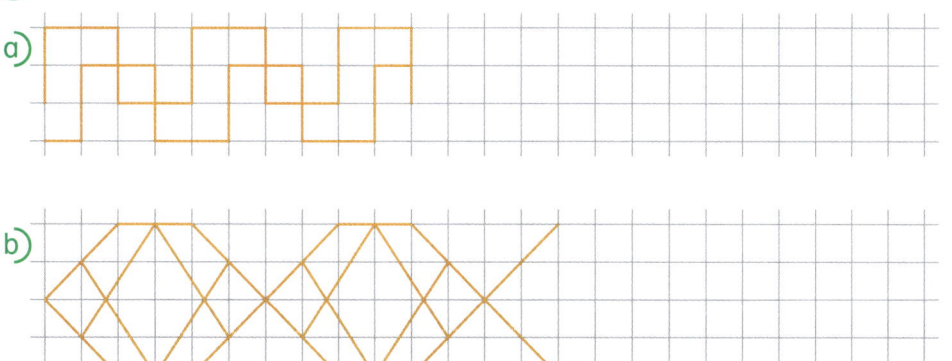

a)

b)

Die schriftliche Division kennenlernen

1 Löse die Aufgaben. Kontrolliere selbst.

a)

T	H	Z	E				T	H	Z	E
3	6	9	3	:	3	=				

b)

T	H	Z	E				T	H	Z	E
9	6	3	9	:	3	=				

1 231

21 121

c)

ZT	T	H	Z	E				ZT	T	H	Z	E
8	4	4	8	4	:	4	=					

d)

T	H	Z	E				T	H	Z	E
6	2	4	8	:	2	=				

3 213

3 124

Schrittweise dividieren

1 Löse die Aufgaben. Kontrolliere selbst.

a)

T	H	Z	E			T	H	Z	E
8	2	4	7	:	3	=			

b)

T	H	Z	E			T	H	Z	E
6	9	3	2	:	4	=			

1 733

37 659

c)

ZT	T	H	Z	E			ZT	T	H	Z	E
7	5	3	1	8	:	2	=				

d)

ZT	T	H	Z	E			T	H	Z	E
4	6	3	2	8	:	8	=			

5 791

2 749

Ohne Stellentafel schriftlich dividieren

1 Löse die Aufgaben auf einem Blatt.
Verbinde dann Aufgabe und Ergebnis.

25 613 : 7 = ☐

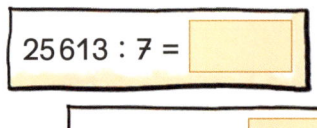
47 562 : 3 = ☐

60 375 : 5 = ☐

54 312 : 4 = ☐

83 412 : 9 = ☐

15 854

3 659

13 578

9 268

12 075

2 Ergänze die fehlenden Ziffern.

a) 5 6 8 9 0 : 5 = ☐ 1 ☐ 7 ☐

```
5
‾
0 6
☐
‾
  1 8
  1 5
  ‾
    3 ☐
    3 5
    ‾
      ☐ 0
      4 0
      ‾
        0
```

b) 7 6 ☐ 5 2 : 3 = ☐ 5 ☐ 8 ☐

```
6
‾
1 6
1 ☐
‾
  1 4
  1 2
  ‾
    2 5
    2 ☐
    ‾
      1 2
      1 2
      ‾
        0
```

1 Rechne im Kopf die Überschlagsrechnung und finde so die fünf Aufgaben mit falschen Ergebnissen. Umkreise diese.

$82\,936 : 4 = 25\,613$ $624\,318 : 6 = 18\,993$

          $86\,513 : 7 = 12\,359$ $347\,760 : 5 = 69\,552$

$79\,336 : 8 = 5\,682$ $743\,526 : 9 = 130\,406$

          $38\,926 : 2 = 19\,463$ $103\,872 : 4 = 25\,968$

$42\,936 : 3 = 14\,312$ $876\,312 : 3 = 412\,617$

2 Überprüfe die Ergebnisse mithilfe der Umkehraufgabe. Korrigiere falsche Ergebnisse.

a) $70\,335 : 9 = 7\,815$ Probe: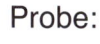

b) $34\,755 : 5 = 6\,845$ Probe:

c) $39\,788 : 7 = 5\,684$ Probe:

d) $104\,628 : 3 = 38\,476$ Probe:

e) $362\,104 : 8 = 46\,258$ Probe:

Kommazahlen schriftlich dividieren

1 Berechne jeweils den Einzelpreis.
Löse die Aufgaben auf einem Blatt.

a)

6 Fineliner:	3,42 €
1 Fineliner:	_____

b)

3 Textmarker:	2,97 €
1 Textmarker:	_____

c)

4 dicke Faserschreiber:	12,76 €
1 dicker Faserschreiber:	_____

d)

5 Schnellhefter:	2,95 €
1 Schnellhefter:	_____

e)
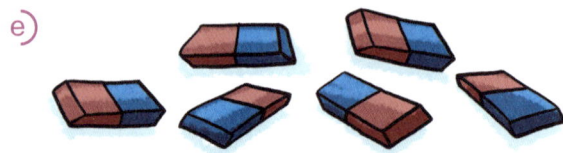

6 Radiergummis:	4,32 €
1 Radiergummi:	_____

f)

12 Bleistifte:	14,40 €
1 Bleistift:	_____

g)

3 Klebestifte:	6,75 €
1 Klebestift:	_____

Teilbarkeitsregeln anwenden

1 Stelle mithilfe der Teilbarkeitsregeln fest,
bei welchen Divisionsaufgaben ein Rest entsteht.

Aufgabe	Rest	kein Rest
134 512 : 10		
385 795 : 2		
486 532 : 4		
914 625 : 3		
817 732 : 5		
678 591 : 3		
783 425 : 5		
584 127 : 6		

Mein Tipp:
Beachte die Endziffer
oder die Quersumme
der Zahl.

2 Ergänze bei jeder Aufgabe die letzte Ziffer so, dass
kein Rest entsteht. Kontrolliere dein Ergebnis selbst.
Löse dazu die Aufgaben auf einem Blatt.

a) 8 96 ☐ : 2   b) 3 45 ☐ : 6   c) 267 ☐ : 10

d) 6 93 ☐ : 4   e) 9 37 ☐ : 5   f) 7 65 ☐ : 3

g) 48 79 ☐ : 2   h) 63 43 ☐ : 5   i) 58 62 ☐ : 4

k) 83 47 ☐ : 3   l) 64 35 ☐ : 6   m) 126 23 ☐ : 5

Platz für andere Möglichkeiten:

Nach vorgegebenem Maßstab vergrößern und verkleinern

1 Vergrößere alle Strecken im angegebenen Maßstab und notiere die jeweilige Länge.

a) 5:1

b) 3:1

c) 8:1

d) 2:1

2 Verkleinere alle Strecken im angegebenen Maßstab und notiere die jeweilige Länge.

a) 1:3

b) 1:5

c) 1:2

d) 1:8

Umfang und Flächeninhalt bestimmen

1 Bestimme für jede Figur den Umfang und gib den Flächeninhalt durch die Anzahl der Kästchen an.

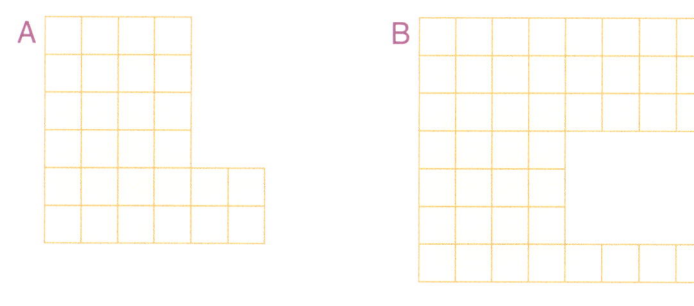

A

B

Umfang: _____   Umfang: _____

Fläche: ____ Kästchen   Fläche: ____ Kästchen

2 Zeichne …

a) … ein Quadrat mit dem gleichen Umfang wie bei Figur A in Aufgabe **1**.

b) … ein Rechteck mit einer gleich großen Fläche wie bei Figur A in Aufgabe **1**.

Durchschnittswerte berechnen

1 Tim hat eine Woche lang von Montag bis Freitag notiert, wie lange er für seine Hausaufgaben benötigt. Berechne seine durchschnittliche tägliche Hausaufgabenzeit.

Mo: 70 min

Di:　45 min

Mi:　55 min

Do: 68 min

Fr:　32 min

Seine durchschnittliche tägliche Hausaufgabenzeit

beträgt _____ min.

2 Lisa sagt, dass ihre tägliche Hausaufgabenzeit 62 min beträgt. Wie lange hat sie am Freitag Hausaufgaben gemacht?

Mo:　　75 min

Di:　　40 min

Mi:　1 h 5 min

Do:　　53 min

Fr: _____ min